一看
就懂的
家装智慧

U0298600

全解 家居设计
与 软装搭配

美式风格

轻图典

李江军 主编

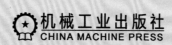

机械工业出版社
CHINA MACHINE PRESS

本书通过大量实例对时下热门的美式装饰风格进行了图文并茂的详细解析，并结合软装设计，讲解了相关的色彩搭配、软装元素的知识。书中的装修贴士为资深室内设计师多年工作经验积累下来的珍贵心得，分为设计运用、软装运用、色彩运用、材料运用四类内容。设计运用详解美式风格的装饰要点，软装运用从家具、灯具、布艺、饰品、花艺、装饰画等方面详解美式风格中常用的软装设计元素，色彩运用分析色彩在美式风格中的搭配手法，材料运用分析利用不同材料的肌理效果和质感，创造富有个性的空间环境。本书适合室内设计师及广大装修业主参考使用。

图书在版编目（CIP）数据

全解家居设计与软装搭配.美式风格轻图典/李江

军主编.— 北京：机械工业出版社，2017.2（2018.7重印）

（一看就懂的家装智慧）

ISBN 978-7-111-56118-7

Ⅰ.①全… Ⅱ.①李… Ⅲ.①住宅-室内装饰设计-图集 Ⅳ.① TU241-64

中国版本图书馆 CIP 数据核字 (2017) 第 032684 号

机械工业出版社（北京市百万庄大街 22 号　邮政编码 100037）

策划编辑：赵　荣	责任编辑：赵　荣　邓川
封面设计：鞠　杨	责任校对：白秀君
责任印制：李　飞	

北京华联印刷有限公司印刷

2018 年 7 月第 1 版第 4 次印刷

210mm × 285mm　·10 印张·171 千字

标准书号：ISBN 978-7-111-56118-7

定价：59.00 元

前言
Preface

人们的生活习惯以及审美观点各不相同，装修也会跟随业主的偏好不同而有所差异。在设计越来越被重视的今天，越来越多的风格涌现出来，每一种风格都有各自的特点和适合的人群。对于第一次购房的业主来说，要选择一种合适的装修风格并不是一件容易的事情。

本套丛书精选人气室内设计师的海量家居设计案例，把这些能代表当今设计界较高水平的作品按时下流行的风格分门别类，方便读者检索查找。本套丛书分为美式风格轻图典、简约风格轻图典、新古典风格轻图典、新中式风格轻图典四册。内容上囊括了客厅、卧室、书房、餐厅、厨卫、过道、休闲区等家居功能区案例，并且邀请资深室内设计师详解这些风格的设计要点。书中多处穿插色彩搭配与软装元素的布置技巧，是一套真正意义上图文并茂的装修宝典。

美式风格非常重视生活的自然舒适性，充分显现乡村的朴实风格，表现在对各种仿古墙地砖、石材的偏爱和对各种仿旧工艺的追求上。

简约风格是将设计的元素、色彩、照明、材料简化到最少的程度，在结构和造型的应用上也都以简单实用为主，是目前最受欢迎的经典家居风格。

新古典风格讲究适度的奢华感，过于烦琐或者单调的装饰都难以达到想表现的效果，其关键点是细节上的精雕细琢，让奢华感从细枝末节中自然流露，完美诠释轻奢风尚。

新中式风格是通过对中国传统文化的理解和提炼，将传统元素与现代元素相结合，以现代人的审美需求来打造富有传统韵味的空间，让传统艺术在居家生活中得以体现。

本套丛书内容新颖，案例丰富，既注重不同风格家居的硬装设计细节，又能指导读者如何利用软装创造出符合美学的空间环境。本套丛书不仅是每位室内设计师的案头书，对装修业主选择适合自己的装修风格同样具有重要的参考和借鉴价值。

Contents 目录

American Style

美式风格

家居装饰设计要点

风格特点

nostalgia ➕ *fresh* ➕ *natural*

　　美式风格家居摒弃了繁琐与豪华的装饰，并将不同风格中的优秀元素汇集融合，体现了兼容并蓄的装修理念。现在比较受欢迎的美式风格主要有美式田园风格、美式乡村风格、美式新古典风格。美式田园风格主要以清新色彩为主；美式乡村风格似乎天生就适合用来怀旧，它身上的自然、经典与斑驳老旧的印记，似乎能让时光倒流，让生活慢下来；美式新古典风格则以古典范展现，在古典中融入现代元素，也是一个不错的选择。

美式田园风格

美式乡村风格

美式新古典风格

前言
Preface

人们的生活习惯以及审美观点各不相同，装修也会跟随业主的偏好不同而有所差异。在设计越来越被重视的今天，越来越多的风格涌现出来，每一种风格都有各自的特点和适合的人群。对于第一次购房的业主来说，要选择一种合适的装修风格并不是一件容易的事情。

本套丛书精选人气室内设计师的海量家居设计案例，把这些能代表当今设计界较高水平的作品按时下流行的风格分门别类，方便读者检索查找。本套丛书分为美式风格轻图典、简约风格轻图典、新古典风格轻图典、新中式风格轻图典四册。内容上囊括了客厅、卧室、书房、餐厅、厨卫、过道、休闲区等家居功能区案例，并且邀请资深室内设计师详解这些风格的设计要点。书中多处穿插色彩搭配与软装元素的布置技巧，是一套真正意义上图文并茂的装修宝典。

美式风格非常重视生活的自然舒适性，充分显现乡村的朴实风格，表现在对各种仿古墙地砖、石材的偏爱和对各种仿旧工艺的追求上。

简约风格是将设计的元素、色彩、照明、材料简化到最少的程度，在结构和造型的应用上也都以简单实用为主，是目前最受欢迎的经典家居风格。

新古典风格讲究适度的奢华感，过于烦琐或者单调的装饰都难以达到想表现的效果，其关键点是细节上的精雕细琢，让奢华感从细枝末节中自然流露，完美诠释轻奢风尚。

新中式风格是通过对中国传统文化的理解和提炼，将传统元素与现代元素相结合，以现代人的审美需求来打造富有传统韵味的空间，让传统艺术在居家生活中得以体现。

本套丛书内容新颖，案例丰富，既注重不同风格家居的硬装设计细节，又能指导读者如何利用软装创造出符合美学的空间环境。本套丛书不仅是每位室内设计师的案头书，对装修业主选择适合自己的装修风格同样具有重要的参考和借鉴价值。

Contents 目录

STEP 2

设计特点

concise ✚ *warm* ✚ *implicit*

　　美式风格主要起源于十八世纪各地拓荒者居住的房子，色彩及造型较为含蓄保守，兼具古典主义的优美造型与新古典主义的功能配备，既简洁明快，又温暖舒适。文化石和仿古砖略为凹凸的砖体表面、不规则的边缝、颜色做旧的处理、斑驳的质感都散发着自然粗犷的气息，和美式风格是天作之合。美式家居中经常运用各种铁艺元素，从铁艺吊灯到铁艺烛台，再到铁艺花架、铁艺相框等。木材更是美式乡村家居一直以来主要的材料，主要有胡桃木、桃心木和枫木等木种。

图 1
文化石堆砌的壁炉造型

图 2
铁艺吊灯

图 3
木材是美式风格家居常用的材料

图 4
仿古砖的斑驳质感具有怀旧情怀

图 5
铁艺家具

图 6
铁艺收纳架

家具特点

simple ✛ woodiness ✛ romantic

　　风格简洁可以很贴切地形容美式家具。在美式家具中几乎可以找到所有欧式家具的影子，但又不是欧式家具简单的翻版，它吸收和容纳了欧式家具典雅的优点。

　　因为风格相对简洁，细节处理便显得尤为重要。美式家具往往选择部位良好的木质以增加质感和价值，怀旧、浪漫和尊重时间是对美式家具最好的评价。强调简洁、明晰的线条和优雅、得体有度的装饰是美式家具的特征。家具表面精心的涂饰和雕刻，

独具特色。风格粗犷大气，而精致和朴素是它的本质所在。

　　美式家具突出木质本身的特点，它的贴面一般采用复杂的薄片处理，使纹理本身成为一种装饰，可以在不同角度下产生不同的光感。这使美式家具比金光闪耀的意大利式家具更耐看。

　　美式风格的沙发可以是布艺的，也可以是纯皮的，还可以将两者结合。地道的美式纯皮沙发往往会用到铆钉工艺。此外，四柱床、五斗柜也会经常用到。

美式皮质沙发具有宽大舒适的特点

美式五斗柜

做旧质感的美式家具

雕刻精细的实木床

色彩运用

brown ✛ *green* ✛ *khaki*

在色彩选择上，自然、怀旧、散发着浓郁泥土芬芳的色彩是美式风格的典型特征。总体来说，美式风格以暗棕色、土黄色、绿色、土褐色较为常见。不同于欧式风格中的金色运用，美式风格更倾向于使用木质本身的单色调，大量的木质元素使美式风格空间给人以自由闲适的感觉。

深木色的餐桌椅具有庄重感

浅木色墙面衬托出白色餐桌椅

清新自然的客厅色彩

软装饰品

history ✛ *distressed* ✛ *plants*

　　美式风格家居很喜欢使用有历史感的物件，这一特点在软装饰品上得到了很好的运用。美式风格家居经常摆设仿古做旧的工艺饰品，如表面做旧的挂钟、略显斑驳的陶瓷摆件、鹿头挂件等。而一些复古做旧的实木相框、细麻材质抱枕、建筑图案挂画等，都可以成为美式风格卧室中的主角。

　　此外，为了体现自然闲适，植物是必不可少的。美式风格的空间十分需要绿植的点缀，但要尽量选择无花的清雅植物，如放置绿萝、散尾葵等常绿植物。

壁炉上的绿植点缀

做旧的摆件

鹿头挂件

乡村风格挂钟

STEP 6

窗帘布艺

cotton ✛ *solid color* ✛ *free*

　　美式窗帘的材质一般运用本色的棉麻，以营造自然、温馨的气息，与其他原木家具搭配，装饰效果更为出色。适合美式风格窗帘的纹饰元素有雄鹰、麦穗、小碎花等，不要选用纯色的，美式就是以自由浪漫为主，也可以选用以粉色为基底的混搭颜色。

窗帘的色彩和家具搭配得十分协调

碎花图案的窗帘带来清新的气息

床头帘和窗帘的组合衬托出房间的轻奢气质

STEP 7

壁炉元素

 ancient carving + simple

壁炉是美式风格家居必不可少的元素。古老的美式风格壁炉设计得非常大气，复杂的雕刻凸显美式风格的特色。发展到今天的美式风格壁炉设计变得简单美观，简化了线条和雕刻，以新的面貌存在于家中。除了传统壁炉，还可使用有火焰图样的电热壁炉。以自然风格为主的空间，可以用红砖或粗犷石材砌成壁炉样式，形式上有将整面墙做满以及做单一壁炉台两种样式。

❶ 成品石膏壁炉

❷ 粗犷石材堆砌的真火壁炉

STEP 8

灯具特点

 resin + iron + crystal

美式风格的灯具材料一般选择比较考究的树脂、铁艺、焊锡、铜、水晶等，常用古铜色、黑色铸铁和铜质为框架，为了突出材质本身的特点，框架本身也成为一种装饰，可以在不同角度下产生不同的光感。

铁艺吊灯

鸟笼烛台灯

台灯本身就成为一件装饰品

树脂烛台吊灯

American Style

美式风格

家居功能空间设计

客厅
· Living Room ·

美式风格

顶面［石膏板装饰梁］ 地面［仿古砖］

顶面［杉木板吊顶刷白］ 壁炉［文化石＋木搁板］

运色
用彩
colouration

深色的墙面可以搭配白色的墙裙以及浅色的地面作为硬装的基调，布艺沙发可以用与墙面同色系的浅色与之协调，木质家具用深色系，并用家具与地面的中间色作为地毯色进行过渡，整体配色才会显得深浅有致。

tips

如果软装配色不想过于出挑，可以选择保守的方法，选用和谐色来搭配，基本不会出错，然后用几件单品作为点缀提亮空间。

顶面［硅藻泥］　　电视墙［微晶石墙砖］

顶面［杉木板吊顶套色］　　右墙［木质壁炉造型＋硅藻泥］

顶面［彩色乳胶漆＋石膏板装饰梁］　　电视墙［木质护墙板＋定制收纳柜］

沙发墙［彩色乳胶漆］

顶面［杉木板吊顶刷白］　　居中墙［石膏壁炉＋彩色乳胶漆］　　顶面［石膏板装饰梁］　　电视墙［木质护墙板］

文化石的特点是色泽、纹路能保持自然原始的风貌，加上色泽调配变化，能将石材质感的内涵与艺术性展现无遗。符合人们崇尚自然、回归自然的文化理念。文化石根据材质的不同，分为：板岩、砂岩、锈板、瓦板、蘑绞、雨花石等。

tips

铺贴时小块石头要放在大块石头的旁边，凹凸面状石头旁边要放面状较为平缓的，厚的砖旁边要放薄的，颜色搭配要均衡等。要使用粘合剂来粘贴，这样会比较牢固，不易脱落，贴好后也可以在砖表面刷白色的乳胶漆，这样会显得别具一格。

顶面［石膏板挂边］　　电视墙［彩色乳胶漆］

顶面［石膏板造型］　　沙发墙［墙纸＋白色护墙板］

电视墙［质感漆＋木线条装饰框刷白］

沙发墙［挂画组合＋彩色乳胶漆］

电视墙［石膏壁炉造型＋铁艺护栏＋彩色乳胶漆］

居中墙［石膏壁炉造型＋彩色乳胶漆］

沙发墙［皮质软包＋木线条收口］

沙发墙［彩色乳胶漆＋挂画组合］

Design 设计运用

如果想要客厅的围合感更强，可以不设置电视背景墙，将注意力都引到沙发区域。沙发不要按照常规的方式摆放，而是休闲单人位与主沙发面对面摆放。

tips

客厅的布局与使用对客厅的功能需求有直接关系，**并不是**非得按照常规思路来设计，如不需要在客厅看电视，更多的是会客或者家人围坐在一起聊天。

电视墙［原木护墙板＋木搁板］

电视墙［白色护墙板］   地面［仿古砖］

电视墙［布艺软包＋铆钉］

沙发墙［墙纸＋装饰挂画］   地面［仿古砖夹小花砖斜铺］

顶面［石膏顶角线］

顶面［木质装饰梁］ 地面［仿古砖夹小花砖斜铺］

沙发墙［黑白照片墙］

电视墙［真丝手绘墙纸＋木线条装饰框］

沙发墙［白色护墙板＋装饰挂镜］

软装运用

 美式风格客厅可以把灯具的照明作用和装饰性融合在一起,可以把客厅顶上的吊灯、墙面的壁灯、各种角几上的台灯等布置得高低错落,形成很好的灯光效果。

灯具在装饰中既有照明作用,又有很强的装饰性,所以在灯具的选择上要有所考虑。壁灯与主灯的风格、款式应协调统一,台灯的高度应适中。

顶面［石膏板造型暗藏灯带］　　沙发墙［布艺软包＋白色护墙板］

沙发墙［彩色乳胶漆 + 木线条装饰框］

顶面［石膏板造型 + 木质顶角线刷白］

电视墙［木纹大理石 + 白色护墙板］

电视墙［墙纸 + 石膏板造型刷彩色乳胶漆］

有些客厅的空白墙面处可以采用墙体彩绘的形式，尤其在乡村风格中，墙绘风景画会**更为应景**。墙绘色彩**丰富**，可发挥的空间很大，是一种很好的装饰手法。

Design 设计运用

挑高的美式客厅中，如果客厅的硬装造型不是很多，那么在软装的处理手法上就要下一些功夫。可以在整个挑空的沙发背景墙上用墙体彩绘的方式绘制一些图案，让整体看起来更别致。

顶面［石膏板挂边］　　电视墙［彩色乳胶漆］

沙发墙［艺术墙绘 + 彩色乳胶漆］

居中墙［白色护墙板＋石膏壁炉］

顶面［木质装饰梁］　　右墙［大理石壁炉＋仿占砖］

顶面［实木装饰梁］　　壁炉［文化石］

顶面［杉木板吊顶刷白＋三角梁］

在一些美式风格客厅中，硬装的设计可以很简单，甚至都没有一面背景墙，但墙面色彩的选择可以对整个空间效果起到决定性的作用，例如用绿色的沙发墙提亮整个客厅。

tips

在当前轻装修重装饰的年代，硬装的造型变得不那么重要，**软装饰品**以及色彩的搭配对整个空间的视觉效果影响更大。墙面可以**大胆**用色，让整个空间眼前一亮。

电视墙［石膏板造型刷彩色乳胶漆＋嵌入式展示柜］

电视墙［文化石＋嵌入式电视柜＋彩色乳胶漆］

电视墙［彩色乳胶漆］

顶面［石膏板挂边］　　　沙发墙［挂画组合］

左墙［石膏壁炉造型＋黑色烤漆玻璃］　　　沙发墙［布艺硬包］

电视墙［石膏壁炉造型＋硅藻泥＋文化石］

Design 设计运用

　　电视背景墙的两边可以设计墙壁龛，墙壁龛具有很强的展示功能，适用于有很多工艺品或者纪念品需要展示的家庭。

电视墙［墙纸＋石膏板造型刷彩色乳胶漆］

顶面［石膏雕花线］　　沙发墙［墙纸＋白色护墙板］

沙发墙［彩色乳胶漆］

居中墙［大理石壁炉造型］

背景墙［做旧复古家具］

沙发墙［黑白照片组合墙＋彩色乳胶漆］

沙发墙［实木护墙板］

Design 设计运用

空间层高比较高的美式客厅，吊顶造型的设计可以特别一点。同时将吸顶式的空调隐藏其中，实用的同时还不会影响顶面美观的造型。

tips

这种做法很适合顶面有梁的设计，客厅顶面看上去好似有很多纵横交错的梁，但呈有序的排列。可以通过真、假梁的运用，将顶面划分成规则的格子，再用线条装饰，顶面的造型就会很美观。

沙发墙［装饰挂件＋实木护墙板］

顶面［实木装饰梁］

电视墙［大花白大理石装饰框＋彩色乳胶漆］

顶面［三角梁］　电视墙［石膏壁炉］

壁炉［文化石＋墙纸］

沙发墙［墙纸＋装饰挂镜＋木质护墙板］

硅藻泥是一种会呼吸的装饰材料，它不仅能吸附空气中的有害气体，而且可以调节空气湿度。硅藻泥有很多颜色可选择，并能做出乳胶漆、墙纸所不能达到的自然肌理，适用于各种风格、各种空间的墙面、顶面。

tips

质量较好的硅藻泥色彩柔和、手感光滑，**不易脱落**。在施工时首先要把硅藻泥干粉加水进行搅拌，再先后两次对墙面进行涂抹，之后还需要肌理图案制作，最后进行收光，保证图案纹路。

电视墙［彩色乳胶漆＋石膏顶角线］

顶面［木质装饰梁 + 彩色乳胶漆］　　居中墙［实木壁炉 + 彩色乳胶漆］

左墙［大理石壁炉造型 + 彩色乳胶漆］

顶面［石膏顶角线］

顶面［石膏雕花线］　　电视墙［墙纸 + 木质护墙板］

软装运用

collocation >>>

设计运用 在美式风格客厅中，墙面上可以安装一些木制层板用来摆设书籍以及小摆件，一方面增加实用性，另一方面可以形成整个空间的亮点。简单的层板功能就很强大，可以展示一些主人的特色小玩意，彰显主人的个性。

tips

层板的运用给空间增加了更多的生活气息，客厅中的很多墙面都可以设计**层板**，展示一些旅游的纪念品，或者主人的一些收藏品。

顶面［石膏板造型 + 墙纸］

顶面［木质装饰梁］　沙发墙［墙纸 + 木线条装饰框］

电视墙［墙纸 + 木线条装饰刷白 + 木质护墙板］

电视墙［啡网纹大理石装饰框 + 嵌入式展示柜］

沙发墙［墙纸 + 木搁板］

电视墙［白色护墙板 + 彩色乳胶漆 + 装饰壁龛］

顶面［石膏浮雕］　　沙发墙［石膏板造型刷彩色乳胶漆］

运色
用彩
colouration

客厅墙面运用彩色会显得很特别，如蓝色、绿色、橙色、黄色等，会有很强的视觉冲击力。如果用这样一块彩色的墙面搭配撞色的家具，装饰效果会更加明显。

tips

如果硬装的颜色比较深沉，软装可以选择对比较强的淡色调，如白色沙发与墙面呈深浅对比；也可以选择对比色进行撞色处理，如红色的茶几与绿色的墙面。

墙面［墙纸 + 照片组合］

电视墙［定制收纳柜 + 木搁板］

电视墙［木线条打方框刷白 + 杉木板装饰背景刷白］

顶面［石膏板造型］

沙发墙［装饰挂画］

背景墙［大理石壁炉造型＋文化石＋彩色乳胶漆］

沙发墙［白色护墙板＋装饰挂镜］

美式乡村风格家居常用仿古砖，可以打造出一种淡淡的回归自然的清新之感。仿古砖按款式分为单色砖和花砖两种，单色砖主要用于大面积铺装，而花砖则作为点缀用于局部装饰。

tips

在铺贴时需要注意缝隙要留大点，一般为 3mm 左右，因为有些仿古砖是手工制作的，边型可能不规则，尺寸上也会有些误差，留大缝可以解决这些问题。

沙发墙［彩色乳胶漆 + 石膏板挂边］

电视墙［石膏板挂边 + 彩色乳胶漆］

左墙［白色文化石 + 木搁板 + 定制收纳柜］

电视墙［石膏板造型刷彩色乳胶漆 + 木搁板 + 装饰假窗］

顶面［银箔］　电视墙［墙纸 + 石膏壁炉造型 + 白色护墙板］

顶面［石膏浮雕］

沙发墙［白色护墙板 + 装饰挂镜］

电视墙［文化石铺贴壁炉 + 木搁板 + 嵌入式展示柜］

tips

在同等样式、同等材质的条件下，做旧家具比普通新家具高出 50% 左右的价格。做旧家具大多属于**板木结合**家具，相比全实木家具，耐用性要稍差一些。

软装运用
collocation >>>

设计运用 人工做旧家具，斑驳的同时更具观赏性。这种做旧工艺与现代施工工艺形成明显的对比，文艺感十足。做旧家具主要选用柏木、桤木、楠木、紫檀、花梨木等名贵木种，主打美式乡村风格。

顶面［石膏板造型］　隔断［木花格］

电视墙［墙纸＋木线条装饰框刷白＋米黄大理石线条装饰框］

顶面［石膏板造型］

沙发墙［彩色乳胶漆＋白色护墙板］

沙发墙［文化石］

左墙［彩色乳胶漆］

顶面［石膏板造型］　　地面［仿古砖夹小花砖斜铺］

顶面［石膏板装饰梁］　　沙发墙［彩色乳胶漆］

顶面［木质装饰梁］　　壁炉［白色文化石＋铁艺护栏］

顶面［木质装饰梁］　　电视墙［挂画组合］

顶面［石膏板造型＋彩色乳胶漆］　　地面［仿古砖］

沙发墙［彩色乳胶漆＋白色护墙板＋装饰挂镜］

沙发墙［彩色乳胶漆＋白色护墙板］

顶面［石膏板装饰梁］

美式风格客厅中选择安装文化石堆砌的真火壁炉更能体现乡村风格的特征，既能起到装饰作用，又能够采暖，烘托了空间的温馨氛围。

顶面 [杉木板吊顶套色]

沙发墙［艺术墙纸＋木线条装饰框刷白］

沙发墙［灰色乳胶漆＋文化砖铺贴壁炉］

壁炉［文化石＋木搁板］

顶面［石膏板装饰梁］　　右墙［彩色乳胶漆＋定制展示柜］

左墙［白色文化石］

如果客厅空间给人的感觉很舒服，原因一定在于色彩的搭配很和谐。如果家具采用深色的木边框及稍浅色的布艺和皮质，墙面、边框、门套的颜色就要与之呼应，深浅协调。

顶面［杉木板吊顶套色＋木质梁托］

电视墙［文化石勾白缝＋木纹大理石壁炉造型］

顶面［木质装饰梁］　壁炉［文化石铺贴］

电视墙［浅咖网纹大理石＋木搁板＋彩色乳胶漆］

左墙［壁炉造型＋定制收纳柜］

电视墙［彩色乳胶漆］　地面［实木地板拼花］

餐厅
· Dining Room ·

美式风格

左墙［彩色乳胶漆］　　地面［实木地板拼花］

左墙［彩色乳胶漆＋木线条装饰刷白］　　地面［大理石拼花＋大理石波打线］

顶面［木质装饰梁＋杉木板吊顶刷白］

顶面［杉木板吊顶＋木线条收边］

顶面［石膏板造型］　地面［板岩］

软装运用

 餐厅如果布置八人位的长餐桌，主灯可以选择一些造型略大的固定吊灯，铁艺的灯体搭配白色高低错落的蜡烛造型，与整体风格相得益彰。

tips

灯具在室内设计中不仅能够起到照明的作用，还是空间中很重要的软装饰品，餐厅灯具需要根据**餐桌的尺寸**比例来选择，如果餐桌过长可以选择两组长灯拼接安装。

顶面［石膏板造型暗藏灯带］

居中墙［木线条装饰框］

右墙［墙纸＋白色护墙板］

顶面［石膏板装饰梁］

左墙［彩色乳胶漆 + 木搁板］

右墙［艺术墙纸 + 彩色乳胶漆］

在一些美式风格、地中海风格以及田园
风格的餐厅空间中，顶面用木装饰梁进行装
饰，可以使空间更具自然气息和具生活感。

造型木梁的数量与粗细要根据空间的大
小、高矮以及需要表现的效果而定，不能
一概而论。此外，木梁之间的间距一般要
留 200mm 以上，太小的话不但不利
于工人的施工，而且不方便装灯
具。

左墙［文化石＋彩色乳胶漆］

右墙［白色护墙板＋彩色乳胶漆］

左墙［硅藻泥＋瓷盘挂件］　　地面［仿古砖夹小花砖铺贴］

顶面［石膏板造型＋木质顶角线］

顶面［石膏板装饰梁］　　地面［板岩］

顶面［彩色乳胶漆＋木质顶角线］　　隔断［大理石罗马柱］

餐厅如果是彩漆墙面，会具有很强的装饰性，在后期软装布置上再与墙面色彩形成呼应或对比，可以形成令人愉悦的视觉感受。

tips

有些时候墙面不一定要做一些造型才能看上去有设计感，只需运用色彩就能达到很好的装饰效果。在色彩的选择上可以采用同色系的搭配，整体效果和谐舒适，也可以采用对比色的撞色，增强视觉冲击力。

顶面［石膏雕花线］ 居中墙［墙纸 + 白色护墙板］

墙面［彩色乳胶漆 + 白色护墙板］

墙面［彩色乳胶漆＋挂画组合］

顶面［石膏板造型］　　地面［瓷砖波打线］

顶面［石膏顶角线］　　右墙［彩色乳胶漆＋装饰挂镜］

软装运用

 灯具不仅有照明作用，还有很强的装饰性，因此它属于功能性软装。餐厅的主灯如果尝试采用吊扇灯，能够进一步突出乡村风格的休闲韵味。

tips

吊扇灯不仅造型独特，还具有**很强的功能**，除了照明之外还能在夏季当作电风扇来用。吊扇灯不仅有适合乡村风格的款式，还有适合现代风格的类型。

右墙 [彩色乳胶漆 + 石膏板挂边]

右墙［彩色乳胶漆 + 装饰挂画 + 白色踢脚线］

顶面［石膏板造型 + 彩色乳胶漆］

顶面［石膏顶角线］　左墙［彩色乳胶漆］

右墙［彩色乳胶漆 + 装饰挂镜 + 小鸟挂件］

餐厅不一定非要用常规的桌椅，也可以设计一排卡座，对面再搭配两把餐椅。这种形式一方面可以增加空间的收纳功能，另一方面还能烘托美式风格休闲的氛围。

当餐厅空间比较小时，可以采用卡座来替代餐椅，这样不但**节约空间**，还可以**容纳更多**的人，很适合休闲氛围比较浓的风格。如果家中的储藏空间有限，卡座的下面也可以用来储物。

右墙［嵌入式餐边柜＋木搁板＋彩色乳胶漆］

顶面［杉木板吊顶］　右墙［白色护墙板＋彩色乳胶漆］

顶面［石膏板装饰梁］　　地面［瓷砖波打线］

顶面［木质装饰梁＋杉木板吊顶刷白］　　地面［地砖拼花］

顶面［实木装饰梁＋杉木板吊顶刷白］

餐厅硬装的色调可以朴素一点，选择一些浅色调，如米色、咖啡色。但软装的色彩可以相对大胆一些，比如餐台上的花瓶与餐椅的颜色可以艳丽一点，同时与墙面的一些装饰颜色相呼应，餐桌上的亮颜色的小花也能起到画龙点睛的作用。

tips

整体素雅的基调，选择一种**亮色**用在同一空间中的几件家具和软装饰品上，最后再用**一种对比色或者和谐色**来起到点睛的作用，这就是软装色彩的搭配原则之一。

右墙［大理石壁炉＋墙纸＋装饰挂画］

左墙［石膏顶角线＋彩色乳胶漆］

沙发墙［嵌入式收纳柜］

左墙［彩色乳胶漆］

顶面［石膏板造型］　墙面［白色护墙板］

喜欢原木色装修的业主，可以在餐厅的墙面与顶面大面积应用木色的墙板，同时餐桌也选用同样的木色。如果整体色调比较重，那么可以在软装上调节一下，使得原本沉闷的空间活跃起来，同时还能保持原本想要打造的沉稳大气的感觉。

tips

软装的点缀不仅在后期的饰品上，家具、布艺的颜色和材质都对整体空间的氛围营造起到至关重要的作用。同样的硬装基础，不同的软装可以达到不一样的效果。

顶面［石膏板造型暗藏灯带］　　地面［仿古砖斜铺］

右墙［彩色乳胶漆＋定制卡座］　　地面［仿古砖］

居中墙［文化石铺贴壁炉］

顶面［木质装饰梁］　　左墙［文化石＋照片组合］

墙面［白色护墙板＋挂画组合］

顶面［石膏板造型＋实木装饰梁］

如果觉得传统的照片墙过于单调，餐厅的墙面装饰可以用各种造型、颜色的相框，与几个大小不一、色彩各异的挂盘相结合，再加入立体的挂饰。这样的话，整个墙面就会变得丰富起来。

tips

软装搭配不要只局限于传统的思路，完全可以根据业主的喜好、心情自由组合，但要保证整体感觉不能变，色调上**要和谐**，偶尔点缀一件其他风格的饰品也会别有一番味道。

左墙［彩色乳胶漆］　地面［仿古砖］

顶面［石膏板造型暗藏灯带］　　居中墙［文化石＋木搁板＋质感漆］

左墙［石膏顶角线＋墙纸］

右墙［彩色乳胶漆＋装饰挂画］

右墙［白色护墙板］

左墙［墙纸＋装饰挂镜＋白色护墙板］

Design 设计运用

马赛克拼花色彩丰富，花型复杂，如果运用在吊顶上，再加上圆形拼花周围的石膏花边，吊顶就会变得很吸引眼球。如果地面的整体颜色比较淡，圆形地毯可以很好地平衡顶面与地面空间的比重。

tips

圆形餐桌上方的顶面设计用圆形的造型会更加协调。如果顶面的颜色较地面颜色深很多，并且餐桌椅的色调不深的话，可以选择地毯或者地砖拼花进行调和。

顶面［石膏板装饰梁］　　地面［仿古砖夹小花砖斜铺＋花砖波打线］

顶面［石膏板造型＋木线条走边］

墙面［墙纸］

居中墙［彩色乳胶漆 + 装饰挂镜］

左墙［百叶窗 + 白色护墙板］

左墙［墙纸 + 装饰挂镜 + 装饰挂盘］

material
材料
运用

木质吊顶并不需要采用实木制作，可以先用木工板将基础做好，再用木纹饰面板饰面，最后表面刷油漆。也可以采用木蜡油的着色剂先进行擦色，再用透明木蜡油进行涂刷。这种操作工艺比较简单，成本也不高，效果还比较自然。

tips

木质吊顶可以通过工厂定制和现场制作来实现。工厂定制的做工更精细，表面油漆质感相对比较好，但费用略高。现场制作的完全由人工实现，难免有些粗糙，但价格相对较低；一些颜色和造型较简单的吊顶可以考虑现场制作。

顶面［石膏板造型暗藏灯带］

左墙［石膏板造型刷彩色乳胶漆］

右墙［嵌入式餐边柜］

居中墙［木线条装饰框］

居中墙［木地板上墙］

隔断［金色木质造型］

顶面［石膏板挂边］

把干区与餐厅之间的墙面打开，能够让空间变得更大，同时也能将干区展示出来。巧妙的借景使空间更有层次感。

顶面［实木装饰梁］　隔断［木格栅］

居中墙［大理石壁炉］

顶面［石膏板造型］　　右墙［墙纸 + 木饰面板装饰框刷绿色漆］

墙面［灰色乳胶漆 + 石膏顶角线］

顶面［实木装饰梁］　　墙面［文化砖］

墙面［羚羊头挂件］

墙面［墙纸 + 装饰挂镜］

墙面［做旧复古风格护墙板］

顶面［木质装饰梁］

顶面［石膏顶角线］

顶面［杉木板吊顶套色］

墙面［杉木板装饰背景刷白］

顶面［杉木板吊顶刷白＋实木装饰梁］

左墙［石膏壁炉＋墙纸］

顶面［石膏板造型暗藏灯带］　　　左墙［彩色乳胶漆＋装饰挂镜］

卧室

· Bedroom ·

美式风格

床头墙［布艺软包＋装饰挂画］

床头墙［彩色乳胶漆＋装饰挂件］

床头墙［彩色乳胶漆 + 挂画组合］

床头墙［白色护墙板 + 木搁板 + 墙纸］

床头墙［木质造型床头背景］

美式风格卧式中，如果卧室的整体色调为大地色系，床品就要选择彩色且略带灰度的色彩，能够让整个空间增色不少。

卧室的空间如果选用深木色的床和床头柜，建议墙漆的颜色不要太淡，如果同色系的话，后期可以选用一些彩色的软装配饰。

顶面［石膏板造型勾黑缝］

顶面［石膏板造型暗藏灯带］

顶面［杉木板吊顶套色］　　地面［实木地板拼花］

左墙［石膏板造型刷彩色乳胶漆］

床头墙［布艺软包 + 白色护墙板］

顶面［石膏板造型暗藏灯带］

床头墙［彩色乳胶漆］

美式风格中，护墙板的颜色以白色和褐色居多。常用的材质有两种，一种是实木的，另一种是密度板的。一般都会选择定做成品的免漆护墙板，这样会比较环保。

顶面［石膏板造型］ 床头墙［彩色乳胶漆］

顶面［石膏板造型］ 电视墙［墙纸＋石膏顶角线］

顶面［石膏板造型］ 床头墙［布艺软包＋白色护墙板］

顶面［实木装饰梁］

顶面［木质顶角线］

软装运用

 床头柜上方设计一盏单头的吊灯，不仅能给简洁的吊顶增加一些特色，还具有一定的照明功能，比如可以作为阅读灯。

tips

光源的设计有多种方式，如果不吊顶的话，可以采用别致的小吊灯作为床头灯来丰富顶面，选择不同的灯具及悬挂高度能起到不同的作用。

床头墙［石膏板造型刷彩色乳胶漆］

顶面［彩色乳胶漆］　床头墙［墙纸＋白色护墙板］

床头墙［石膏板造型］

顶面［石膏板装饰梁］　床头墙［灰色乳胶漆］

床头墙［墙纸＋窗幔］

床头墙［墙纸＋窗幔］

Design 设计运用

　　美式风格的卧室可以考虑使用定制的软包造型，这样既是卧室的床头背景，又是床的靠背。能给人与众不同的感觉，又能成为卧室的一大亮点。

顶面［杉木板吊顶刷白］　　床头墙［墙纸＋白色挂镜线］

床头墙［白色护墙板］

顶面［石膏板造型＋石膏板装饰梁］　　床头墙［墙纸］

电视墙［石膏板造型＋墙纸］

顶面［石膏板造型暗藏灯带］

顶面［墙纸＋木线条装饰框刷白＋彩色乳胶漆］

软装运用

 美式风格的卧室如果设计了衣帽间，就寝区就没有必要设计大衣柜。在床的侧面可以摆放一个斗柜，可以增加装饰性，并让空间看起来更加丰满。

tips

床侧面的斗柜不仅具有很强的装饰性，同时也有**很好的功能性**，可以收纳小件衣物，使用起来方便，也能替代衣帽间中的抽屉柜，让衣帽间有更强的挂衣功能。

地面［实木地板拼花］

顶面［石膏板造型＋木线条装饰框］　　床头墙［白色护墙板］

床头墙［墙纸＋白色护墙板］

顶面［杉木板吊顶套色］　　床头墙［木质护墙板＋墙纸］

顶面［石膏雕花线］　　床头墙［布艺软包＋木质护墙板］

左墙［嵌入式衣柜］

色彩运用 colouration 如果卧室的设计很简洁，软装的用色和材质的选择就要给空间增色，这样才不会显得太单调。墙面如果是略带灰度的色彩，可以搭配灰调的木质桌面以及铁艺床，这样会更具清新自然的气息。

tips

乡村风格中的颜色选择是很有讲究的，即使是彩色的应用也要在里面增加灰度，这样就比较容易跟其他原始粗犷的材质相协调。

床头墙［彩色乳胶漆 + 装饰挂镜］

床头墙［彩色乳胶漆］

床头墙［蓝色护墙板］　　地面［软木地板］

床头墙［墙纸＋木线条装饰框］

床头墙［彩色乳胶漆＋白色护墙板］

软装运用

 卧室中的家具除了选择成品家具，也可以定制，但一定要注意色彩统一、尺寸合适，与整体风格也要十分匹配，这样放到卧室中才会更显协调。

tips

定制家具的好处就是尺寸比较贴合现场，而且款式、颜色都能根据要求来设计，**灵活性**强，这种做法可以在面积不大的户型中广泛采用。

顶面［石膏板造型＋彩色乳胶漆］

床头墙［石膏板挂边＋彩色乳胶漆］

右墙［墙纸＋木线条装饰框］

顶面［杉木板吊顶刷白］　　床头墙［墙纸＋百叶窗］

床头墙［墙纸＋石膏板挂边］

床头墙［墙纸＋白色护墙板］　　地面［实木地板拼花］

床头墙［彩色乳胶漆］

Design 设计运用

卧室中如果带有飘窗的话，可以在窗户的两边增加柜子，窗户处设计比较矮的柜子，形成一个飘窗台，能让窗边的空间变得更加具有休闲氛围，同时还具有很强的储物功能。

tips

有些卧室的飘窗是可以敲掉的，为了多些储物功能，可以利用窗户两边的空间设计储物柜，同时还能多出一个飘窗台作为休闲区，也可以将飘窗设计成抽屉柜。

床头墙［彩色乳胶漆］

顶面［杉木板吊顶刷白］　　地面［仿古砖拼花］

顶面［石膏顶角线］　　床头墙［挂画组合］

床头墙［墙纸＋木质罗马柱］

床头墙［彩色乳胶漆］　　地面［仿古砖］

床头墙［彩色乳胶漆］

软装运用
collocation >>>

卧室床幔的设计可以增加高贵感，使得整个空间更具浪漫气息。要注意如果窗帘的色彩与床头靠背的软包颜色一致的话，整体性会更好。

床幔可以让卧室看起来更大气、浪漫，但一般适合挑高的空间。此外，如果考虑使用床幔，顶面的主灯选择需要多加考虑。

床头墙［装饰挂画］

床头墙［木质护墙板］

床头墙［墙纸 + 木线条装饰框］

顶面［杉木板吊顶刷白 + 木质装饰梁］

顶面［石膏圈式浮雕］　　床头墙［布艺软包］

Design 设计运用

在美式风格卧室中，如果睡床没有靠背的话，可以依墙设计半段护墙板，保护墙面的同时自然形成了床头的靠背。

tips

很多乡村风格的卧室都会在床头设计半段的护墙板，这类做法值得借鉴，但要注意护墙板的高度要根据床头靠背的高度进行设计。

顶面［石膏顶角线］　　床头墙［装饰挂镜］

隔断［百叶推拉门］

床头墙［杉木板装饰背景刷白］

床头墙［黑胡桃木饰面板＋不锈钢线条装饰框］

顶面［石膏板造型］　　床头墙［墙纸＋彩色乳胶漆＋白色挂镜线］

电视墙［彩色乳胶漆＋木质罗马柱］

顶面［石膏板造型暗藏灯带］　　床头墙［墙纸］

软装运用

装饰画的运用在美式风格卧室中起到很大的装饰作用，具体布置时也不一定非要按常规的方法设计在床头靠背的正上方，挂在床头柜的上面更能凸显居室的个性。

如果卧室的床头靠背比较高，装饰画可以考虑挂在床头柜上方的墙上，让床头靠背成为整面墙的重点来突出。

顶面［石膏板装饰梁］　床头墙［灰色护墙板］

床头墙［彩色乳胶漆＋白色护墙板］

顶面［石膏板造型＋实木装饰梁］

床头墙［墙纸＋白色护墙板］

右墙［彩色乳胶漆］

Design 设计运用

如果不想让床头背景上的护墙板显得过于单调，可以将护墙板与墙纸、软包等相结合，同样的护墙板造型运用不同的材质填充，能起到很特别的装饰效果。

tips

美式风格卧室不是只能单一地使用护墙板，也可以将护墙板与其他多种材质相结合，例如用木制的墙板做边框，内部填充墙纸和软包。

床头墙［墙纸］

顶面［杉木板吊顶刷白］　　地面［实木拼花地板］

顶面［木质装饰梁］　床头墙［白色护墙板］

顶面［石膏板造型暗藏灯带］　床头墙［彩色乳胶漆］

床头墙［石膏顶角线＋墙纸］

床头墙［实木护墙板］

床头墙［杉木板装饰背景刷白＋海星装饰挂件］

卧室的软装配色搭配得好，能够让整个空间看起来与众不同，比如，亮黄色的墙面可以搭配深木色的家具，孔雀蓝色的窗帘可以与墙面形成撞色，与床品呼应，整个空间色彩对比突出，但又不会显得杂乱。

床头墙［彩色乳胶漆］

tips

即使卧室墙面的造型很简单，**色彩的运用**也能让空间变得不一样。因此墙面可以忽略造型设计，但是不能忽略色彩运用。

床头墙［布艺软包＋白色护墙板＋墙纸］

顶面［石膏雕花线］ 床头墙［硅藻泥］

床头墙［彩色乳胶漆］

床头墙［灰色护墙板］

床头墙［墙纸 + 石膏板挂边］

床头墙［杉木板装饰背景刷白］

顶面［木线条走边］　床头墙［艺术墙纸 + 木线条装饰框］

床头墙［彩色乳胶漆 + 石膏板挂边］

床头墙［彩色乳胶漆 + 墙纸 + 挂镜线］

床头墙［墙纸 + 白色护墙板］

床头墙［墙纸 + 木线条装饰框］

右墙［石膏壁炉 + 彩色乳胶漆］

床头墙［挂画］

床头墙［石膏板挂边＋彩色乳胶漆］

书房
· Study ·

美式风格

地面［牛皮地毯］

墙面［彩色乳胶漆 + 木线条装饰框］

右墙［彩色乳胶漆］

左墙［定制书柜 + 白色护墙板］

顶面［木线条走边］　　右墙［嵌入式书柜］

左墙［彩色乳胶漆 + 木搁板］

运用色彩 colouration

在美式风格书房中，如果家具选择浅色调，就能与深色的书柜形成反差，一方面可以缓和实木家具的厚重感，另一方面可以凸显空间的层次感。

tips

选择软装中的成品家具颜色的时候，可以在硬装中挑选出一种颜色做**相同的色调**。成品书桌所选的颜色与定制的壁龛柜门及墙面的上腰线颜色一致的话，软装与硬装才能融为一体。

左墙 [墙纸 + 墙面柜]

墙面 [彩色乳胶漆]

顶面 [石膏板挂边]　墙面 [彩色乳胶漆]

右墙［嵌入式书柜＋墙纸］

右墙［装饰挂件＋墙纸］　地面［软木地板］

居中墙［实木护墙板＋彩色乳胶漆］　地面［实木地板拼花］　　左墙［定制书柜］

软装运用

设计
运用
休闲乡村风格的书房选择绿植作为软装点缀是很不错的选择，让空间看上去有生机勃勃的感觉。绿植和花瓶是活跃空间的最佳物品，数量也没有一定限制。尤其是在美式，田园风格中，加入自然色彩的物品能给人更加洒脱清新的感受。

tips

家庭空间中绿色植物是不可少的，一方面绿植可以调节空气质量，另一方面也是家庭中很好的点缀。但绿植的选择要有讲究，不同的位置需要选择不同的植物。

墙面 [彩色乳胶漆]

墙面 [彩色乳胶漆 + 装饰挂画]

居中墙［定制书柜 + 啡网纹大理石踢脚线］　地面［实木地板拼花］

墙面［彩色乳胶漆］

墙面［墙纸 + 白色踢脚线］

书桌依墙而做，不仅可供多人同时使用，而且相对书桌在中间的布置更节约空间，同时桌面上部空间的书柜设计还能增加储物量。

tips

如果书房使用的人比较多，或者主人的爱好比较广泛，需要利用桌面做各种活动的话，建议**沿墙设计书桌**，这样台面就可以用来做各种手工操作。

顶面［杉木板吊顶刷白］　右墙［彩色乳胶漆＋挂画组合］

右墙［彩色乳胶漆＋瓷盘挂件］　地面［仿古砖拼花］　　　　顶面［木质装饰梁］　居中墙［墙纸＋石膏板造型刷彩色乳胶漆］

左墙［嵌入式书柜］

墙面［墙纸 + 装饰挂画 + 白色护墙板］

墙面［墙纸 + 墙面柜］

居中墙［ 做旧复古风格实木护墙板］

美式风格的书房如果与阳台休闲区相连，中间可以采用百叶折叠门做隔断。如果折叠门推到两边两个空间就融为一体，折叠门关起来就变成两个独立的空间，灵活性很强，而且也不会影响书房的采光，这个方法同样适用于户型较小的家庭。

tips

两个功能相似但有时又需要分开的空间可以选择折叠门作为隔断，可分可合，具有很强的灵活性。折叠门的类型有很多，可以根据设计风格选择其材质、款式和颜色。

右墙［原木护墙板＋木搁板］

墙面［彩色乳胶漆＋白色踢脚线＋挂画组合］

顶面［质感漆］　居中墙［定制书柜］

右墙［嵌入式书柜＋木质护墙板］

右墙［大理石壁炉＋白色护墙板］

墙面［彩色乳胶漆］

右墙［彩色乳胶漆＋实木护墙板］

软装运用

 书房的壁灯可以采用特别的安装方式，可以设计在装饰画以上的高度，取代通常安装在装饰画上的射灯，既有照明功能，又有装饰性。

tips

壁灯安装在装饰画的上方主要是为了取代射灯，给装饰画重点的照明，注意壁灯尽量选择灯头朝下的类似镜前灯的款式。

居中墙［嵌入式书柜］

墙面［白色护墙板］

右墙［石膏顶角线＋彩色乳胶漆］

墙面［石膏顶角线＋彩色乳胶漆］

Design 设计运用

有些中小户型的家庭无法划分出单独的房间作为书房，只能在卧室或客厅中专门分出一块区域作为工作学习的地方。对于这类开放式的书房用品要力求做到少而精、小而全，充分合理地利用好每一处空间。

tips

开放式书房的位置应尽量选择采光效果较好的地方，如靠近窗户的区域。此外还要考虑空调的功率，要把书房的能耗也算在里面。

墙面［白色护墙板］

墙面［灰色乳胶漆］

墙面［灰色乳胶漆］

右墙［定制收纳柜］

右墙［墙纸＋装饰挂画］

墙面［实木护墙板］

过道

·Aisle·

美式风格

墙面［彩色乳胶漆］

居中墙［玻璃窗格＋挂画组合］

隔断［石膏罗马柱］

地面［地砖拼花］

哑口［石膏板造型刷彩色乳胶漆］

地面［仿古砖］

居中墙［艺术挂画］

material

[CLYY] 材料
运用

美式风格的过道设计可以独特一些，墙面的处理、门洞的造型以及吊顶的材质可以采用带有浓浓的乡村味道的样式，如色彩不一的文化石装饰性很强，可以大量运用。

tips

文化石广泛应用在乡村风格中，但因为其规格不是十分一致，薄厚也不均匀，所以文化石墙面的收口一直很难处理。文化石铺贴的造型**不做收口**，自然地留出参差不齐的边缘是一种不错的做法。

顶面［石膏板造型］　　地面［地砖拼花］

顶面［石膏板装饰梁］

右墙［木质护墙板＋墙纸］

地面［黑白地砖相间斜铺］

顶面［杉木板吊顶］　左墙［彩色乳胶漆＋照片组合］

顶面［石膏板造型］　地面［仿古砖夹小花砖斜铺］

软装运用

设计运用　过道尽头墙上的一幅风景画的墙绘会让空间有一定的延伸感，是一种别致的端景处理方法，由于画的内容是风景画，因此更有一种置身自然的感觉。

tips

墙绘是软装中墙面装饰常用的一种手法，墙绘的内容**丰富多彩**，可以根据风格、区域以及大小来设计画面的内容。墙绘也可以运用在其他空间中，如顶面也可以采用。

左墙［嵌入式书柜］

隔断［白色文化石＋木搁板＋石膏板造型刷彩色乳胶漆］

顶面［石膏板装饰梁］　　地面［马赛克拼花＋大理石波打线］

居中墙［墙纸］

顶面［杉木板吊顶刷白 + 实木装饰梁］

右墙［银镜倒角］　　　地面［木纹地砖拼花］

地面［仿古砖夹小花砖斜铺 + 花砖波打线］

顶面［石膏板造型］　　　地面［木纹地砖］

过道侧面设置一排展示储物柜能够作为墙面的装饰，同时又具备储藏功能。是一种既美观又实用的做法，不同于常见的墙面挂画等处理方式。

tips

选用储物柜的形式处理墙面，在空间允许的情况下储物柜可以考虑做得深一些，最大限度地实现**储藏功能**。如果空间不是很充裕，可以考虑做一排比较浅的开放柜作为展示柜。

顶面［石膏板造型＋彩色乳胶漆］

右墙［彩色乳胶漆］　　地面［仿古砖］

顶面［实木装饰梁］

左墙［白色护墙板］　地面［地砖拼花］

顶面［石膏板叠级造型］　地面［白色地砖夹黑色小方砖斜铺］

左墙［白色护墙板＋装饰挂画］

Design 设计运用

过道背景墙上设计壁龛造型的形式适用于美式乡村风格。壁龛能够占用很少的面积同时达到很好的形态表现，并具有一定的展示功能。摆上一些饰品摆件，再结合灯光照明可以使壁龛造型更加突出，从而达到成为视觉焦点的目的。

tips

壁龛在设计时特别要注意墙身结构的**安全问题**，一般不能使用墙纸进行铺贴，尽量选用乳胶漆或者硅藻泥材质饰面。

左墙［照片组合＋彩色乳胶漆］

顶面［石膏板造型＋墙纸］

顶面［石膏板造型］

左墙［石膏板造型刷彩色乳胶漆］

地面［双色仿古砖相间斜铺］

顶面［石膏板造型］　地面［仿古砖夹小花砖斜铺］

顶面［木质装饰梁刷白］　地面［实木地板拼花］

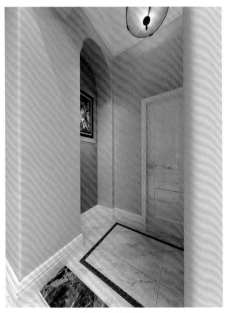

左墙［石膏板造型刷彩色乳胶漆］

material

CLYY 材料
运用

楼梯墙面局部可用镂空铁艺的材质作隔断，这样的话会很有特色。虽然只是一个简单的造型铁艺，却能够很好地装饰墙面，同时也能让空间变得更通透，具有一定的视觉延伸感。

tips

有些空间的隔断可以设计成镂空的造型，材质上可以用铁艺，也可以根据设计风格用玻璃、木质等材料，这样的处理可以使两个空间**互相借景**，也能让两个空间的**采光共用**。

左墙［墙纸＋石膏顶角线］

顶面［石膏板造型］

顶面［石膏板造型］　地面［仿古砖］

顶面［石膏板叠级造型］

左墙［彩色乳胶漆］

右墙［彩色乳胶漆＋银镜＋木线条装饰框］

居中墙［墙纸＋木线条装饰框］

Design 设计运用

过道虽然占用的空间不是很多，却能在家中起着重要的作用。在过道中设计一个背景墙面，可以让过道变得不再那么单调，反而成为空间中的一个亮点。

tips

一般过道都会有一面空白的墙面，如果空着确实显得很单调。过道的墙面需要**特别的设计**，但不宜做太多的造型，可以采用护墙板与乳胶漆相结合的形式，再搭配合适的壁饰。

地面［实木地板拼花］

左墙［彩色乳胶漆］

墙面［彩色乳胶漆 + 白色踢脚线］

墙面［文化石］

左墙［白色护墙板 + 木搁板］

顶面［木质顶角线刷白］

墙面［彩色乳胶漆 + 白色护墙板］

顶面［彩色乳胶漆 + 石膏顶角线］

有时候楼梯的色彩处理可以别具一格，例如常规的楼梯都是栏杆、踏步、扶手采用同色。如果楼梯采用两种颜色，深浅搭配，就会产生不一样的效果。

tips

楼梯颜色的选择很多时候是比较困难的，因为楼梯间大多较暗，因此浅色楼梯会显得亮一些，但是又担心浅色的踏步和扶手不耐脏，这时就可以采用**深浅搭配**的处理方式。

顶面［石膏顶角线］

右墙［白色护墙板＋银镜］

顶面［木质装饰梁］

左墙［墙纸 + 斑马纹饰面板装饰框］

墙面［白色护墙板 + 彩色乳胶漆］

顶面［石膏板造型 + 质感漆］　　居中墙［彩色乳胶漆］

左墙［石膏板造型刷彩色乳胶漆］　　右墙［墙纸］

tips

有些时候一层通往地下室的楼梯如果采用实木，会出现地下室返潮导致楼梯变形的问题。如果用瓷砖来铺贴踏步，既符合风格特点，又能消除变形的隐患。

Design 设计运用

乡村风格的楼梯踏步不一定要选择常规的木质或者石材，也可以选用仿古砖，再给楼梯的立面铺贴马赛克，搭配铁艺栏杆。这样就能具有质朴自然的气息，可以给整体的装修增色不少。

墙面［石膏板造型刷彩色乳胶漆］

顶面［藤编墙纸＋木质装饰梁］　地面［双色仿古砖相间斜铺＋花砖波打线］

右墙［墙纸＋挂画组合］

地面［仿石材地砖］

居中墙［石膏板造型＋彩色乳胶漆］

右墙［彩色乳胶漆＋木线条装饰框］

地面［地砖拼花］

顶面［石膏板造型暗藏灯带］

地面［仿古砖］

顶面［石膏板造型暗藏灯带］　　地面［仿石材地砖斜铺］

地面［实木地板斜铺］

墙面［彩色乳胶漆 + 挂画组合］

地面［仿古砖斜铺 + 花砖波打线］

左墙［白色护墙板］

顶面［杉木板吊顶 + 实木装饰梁］　　居中墙［艺术墙绘］

休闲区

Recreational Areas

美式风格

吧台［马赛克铺贴］

右墙［彩色乳胶漆 + 木线条装饰框刷白］

顶面［杉木板吊顶］　居中墙［定制收纳柜］

顶面［木质顶角线］

左墙［彩色乳胶漆＋挂镜线］

顶面［石膏板挂边］

墙面［白色护墙板］

Design 设计运用

喜欢酒吧氛围的业主可以把家里的地下室设计成一个休闲酒吧。要注意地下室的采光本身不是很好，而且酒柜一般都是深色的，所以灯光的运用一定要尽量到位，空间才不会显得很压抑。

tips

灯光的照明能让空间的明暗、冷暖产生变化，尤其在地下室等自然采光不佳的空间，**灯光设计**显得更加重要。

沙发墙 [石膏板造型 + 墙纸]

墙面 [木质罗马柱 + 彩色乳胶漆]

顶面 [杉木板吊顶]　　墙面 [文化砖 + 木搁板艺术造型]

软装运用
collocation >>>

设计运用 休闲区的软装布局可以设计为完全对称的形式，对称布置的休闲椅、摆件、挂镜等可以让这个区域看起来十分饱满。

tips

如果休闲区的软装布置丰富，布局规整，就能**增强空间的气势**，完全对称的处理方法特别适合在美式乡村风格中运用。

顶面［木线条走边］　　左墙［墙纸］

居中墙［木质护墙板］

墙面［彩色乳胶漆］

Design 设计运用

休闲区空间如果是地台房，可将地台、书桌、书柜结合起来设计，让整个空间变成一个十足的多功能休闲区。

tips

如果家中想要有一个区域既作书房，又有储物功能，同时还能当作临时客房，那么设计一个**地台房**是一个不错的选择。

顶面［杉木板吊顶］

设计运用 休闲区如果有很好的采光的话，配上各种软装能够使得这个区域给人一种慵懒的休闲感。软装的配饰选择可以比较凌乱，但相互之间也要有联系，窗帘与沙发的颜色也要相呼应，整体色彩最好能做到和谐统一。

tips

如果有条件选择一个有着**大大的落地窗**的区域作为休闲区自然能加分很多。后期软装布置要丰富，看上去感觉热闹的同时也会让休闲氛围变得更浓。

顶面［杉木板吊顶刷白］　　吧台［木质护墙板＋人造大理石台面］　　墙面［玻璃窗格］

左墙［白色护墙板＋悬挂式书桌］

顶面［石膏顶角线］

墙面［灰色乳胶漆＋石膏顶角线］

右墙［墙纸］

墙面［白色护墙板］

顶面［杉木板吊顶刷白］

吧台［木饰面板铺贴吧台套色］

吧台［人造大理石台面］

吧台［实木台面］

厨卫

Kitchen and Toilet

美式风格

右墙［暗红色墙砖＋金属马赛克腰线］

顶面［三角梁］　　地面［仿古砖］

左墙［仿古砖］

右墙［文化石］

顶面［彩色乳胶漆＋木质顶角线］　地面［仿古砖］　　　　地面［仿古砖］

Design 设计运用

厨房要想设计得更加人性化，操作台上面的灯光设计一定要合理，避免使用者由于背光而导致投射到操作台上的影子影响操作。吊柜底部的线条可以将光源挡住，也不会影响美观。

tips

厨房间的灯光大多都集中在顶面的中心位置，这样使用者在操作的时候大多数时间是背光的，晚上会显得特别明显。因此采用在**吊柜底部增加光源**的做法可以让操作变得更舒适。

顶面［集成吊顶］ 地面［双色仿古砖相间斜铺 + 花砖波打线］

居中墙［墙砖拼花 + 彩色乳胶漆］

顶面［实木装饰梁］ 地面［仿古砖夹白色小方砖斜铺］　墙面［彩色仿古砖混铺］

墙面［仿古砖］

开放式的厨房使原本窄小的空间变大了很多，同时还可以借用原本墙体的空间，增大厨房的操作台面以及储藏量。

tips

开放式厨房，油烟的处理需要特别注意，除油烟机的选择上用侧吸之外，还可以在顶上加装排气扇，这样就形成了**双重保险**，油烟的问题可以得到妥善的解决。

顶面［石膏板造型暗藏灯带］

地面［仿古砖］

顶面［木质装饰梁］　　居中墙［白色墙砖＋白色护墙板］

顶面［杉木板吊顶＋实木装饰梁］

居中墙［彩色乳胶漆］

左墙［彩色仿古砖混铺］

顶面［石膏板造型暗藏灯带］　右墙［仿古砖］

软装运用

设计运用 厨房窗帘的选择上可以清新简单一点，像用一层厚厚的布做成的窗帘就会比较沉闷，可以选用薄纱的材质设计成可上下拉的水波帘，将上部设计成特别的窗幔，既能起到保护隐私的作用，也能够装饰厨房。

厨房的水池一般都会设计在**靠窗的位置**，因此窗帘不适合做得太长，左右拉开落到台面上的类型也不建议选择，采用上下拉的款式时，要根据设计风格选择面料和款式。

右墙［仿古砖斜铺 + 彩色乳胶漆］

墙面［石膏板造型刷彩色乳胶漆 + 定制吊柜］

左墙［文化砖 + 彩色乳胶漆］

地面［金属马赛克波打线］

居中墙［仿石材墙砖］

右墙［灰色小砖勾白缝］　　吧台［实木台面］

墙面［陶瓷马赛克铺贴］

软装运用
collocation >>>

 厨房间的软装饰品通常较少，但是要起到点睛的作用。厨房墙上可以用装饰盘填补墙面的空缺，同时与吊柜相呼应。

 tips

厨房间的装饰品可采用**装饰盘**，形式有很多，可以规则地挂在一起，也可以大小、颜色各异地组合悬挂，同时可以用盘架支撑摆放在台面上或者装饰柜的内部。

顶面［杉木板吊顶刷白］　　右墙［文化石］

居中墙［仿古砖］

顶面［实木装饰梁］

顶面［实木装饰梁］　　右墙［灰色小砖斜铺］

地面［仿古砖夹小花砖斜铺］

Design 设计运用

马桶区与淋浴区如果想要分隔开的话，可以把隔断设计为半高的砖砌造型，表面铺贴马赛克，连接现场制作的挡水条，与砖砌台盆柜形成呼应。

左墙［墙纸＋文化砖＋装饰腰线］

顶面［集成吊顶］　　居中墙［仿古砖斜铺＋花砖装饰框］

material

材料
运用

卫浴空间如果想没有那种冰冷的感觉，可以在上部墙面选用墙纸材质。然后再加入很多布艺的装饰，这样就能使整个空间软化。

tips

一般卫生间的材质都是冰冷的瓷砖和金属，给人的感觉不是那么温馨。如果在淋不到水的位置增加一些墙纸或其他材质的装饰，就会有意想不到的效果。

左墙［墙纸 + 灰色墙砖］

居中墙［仿古砖］

居中墙［米黄色墙砖］

顶面［石膏板造型］

居中墙［深浅色仿古砖相间斜铺 + 马赛克腰线］

居中墙［仿古砖斜铺 + 花砖腰线］

居中墙［白色护墙板 + 墙纸］

Design 设计运用

　　想要解决乡村风格的卫生间采用铝扣板吊顶导致整体风格不协调的问题，可以在卫生间的顶面设计凹凸的造型，并且用石膏线条走阴角线。

tips

卫生间的吊顶不是非要采用铝扣板吊顶和集成吊顶，也可以选用石膏板设计造型。只要顶面不受管道影响，造型上也可以有**多种选择**。

左墙［马赛克墙砖］

左墙［仿古砖＋装饰腰线］

右墙［文化砖］

居中墙［米黄色墙砖 + 装饰挂镜］

右墙［仿古砖 + 装饰壁龛 + 玻璃搁板］

墙面［仿古砖渐变斜铺］　　　　左墙［彩色乳胶漆 + 白色墙砖］

Design 设计运用

卫生间如果设计有现场砖砌的洗手台，会凸显乡村风格的特色。使用定制的木色百叶门可以遮挡台盆下面的上下水管等配件，并具备一定的储物功能。

tips

乡村风格的台盆柜可以考虑现场砖砌并表面贴瓷砖，跟卫生间整体风格相匹配。台盆可以选择嵌入的台上盆，或者碗盆类的。台面的下面可以用定制的木门或者装饰帘。

顶面［杉木板吊顶］　地面［马赛克波打线］　　左墙［陶瓷马赛克］　　　　　　左墙［马赛克墙砖］